恐龙大追踪

崔钟雷 编著

自然法则——
恐龙帝国的盛世兴衰

知识出版社

前言

　　6 500多万年前，地球上发生了未知的可怕灾难。突如其来的巨变让主宰地球长达1.6亿年的神秘恐龙和许多生物一起消失了。直到一名欧洲人发现了许多埋藏在地下的巨大骨骼化石，恐龙这种神秘的动物才慢慢被人了解，并逐渐成为孩子们最感兴趣的史前生物。

　　恐龙是如何生存的？它们有什么样的特殊习性？又是什么原因让恐龙从地球上消失了呢？为了满足孩子的好奇心和探索精神，我们精心打造了《恐龙大追踪》系列丛书。让神秘而有趣的恐龙带领孩子们开启终极探险的神秘之旅，一起去破解神奇的自然密码！

　　总之，本套丛书用简单活泼的语言和生动逼真的图片引领孩子走进神秘的史前时代；用严谨科学的讲解方式帮助孩子

形成对恐龙的系统认识；趣味问题及揭晓答案会和孩子进行充分的互动，让孩子对书本爱不释手。相信这套将精彩图文与独特设计完美融合的图书一定会带领孩子走进超级刺激的恐龙体验乐园，让孩子爱上阅读，爱上探索。

编　者

目录
MULU

趣味问题

最早从水中转移到陆地上生活的动物是如何呼吸的呢?

激烈的竞争

水域环境中生存竞争激烈,但陆地上也并不平静,早期两栖动物登上陆地后,它们还要回到水域中产卵,此时,水生动物吃掉了大量两栖动物的卵以及幼体,同时,两栖动物之间还存在激烈的竞争。

征服陆地

造访陆地

泥盆纪时期,海洋中的霸主——鱼类,迈出了登上陆地的第一步。第一种成功适应了陆地生活的水生动物看起来外形怪异,而且行动缓慢,但这却是改变整个生命进化历程的重要一步。

鱼类的分化

在志留纪时期，鱼类种群中出现了两个区别明显的分支：软骨鱼和硬骨鱼。其中，软骨鱼是现今鲨鱼和鳐鱼的祖先，而有一种硬骨鱼叫肉鳍鱼，它们的鳍内有肌肉和骨骼，后来的四足脊椎动物正是由这种肉鳍鱼演化而来的。但并不是每种肉鳍鱼都离开了水域，如今，仍有几个种类的肉鳍鱼生活在海水和淡水中。

揭晓答案

并不是每种原始鱼类都能适应从水生向陆生的转变，一些早期鱼类进化出类似于肺的呼吸系统，这在它们登陆的过程中起到了至关重要的作用，使得它们能够在陆地上呼吸空气。

原始两栖动物

最早适应陆地生活的动物是最原始的陆生脊椎动物，被称为两栖动物，这种动物既有适应陆地生活的新性状，又有从鱼类祖先那里继承下来的适应水生生活的性状，而且既可以通过肺呼吸，又能通过皮肤呼吸。

适应陆地生活

　　水生动物到陆地上生活要克服很多障碍，它们的
鳍或鳍状肢在陆地上并没有太大用处，因此鳍或鳍状
肢慢慢进化成了腿，以适应陆地生活并加强行动能力。
但这些动物的卵无法适应干旱的陆地环境，因此最早
的陆地动物还必须回到水中产卵繁殖后代。

植物面貌

在古生代大灭绝事件中，出现了繁荣于中生代的裸子植物，这证明古生代的植物群落已趋于衰退，并在此后的一段时间内逐渐过渡为中生代植物。

趣味问题

古生代末期的大灭绝事件对生物进化历程有什么样的影响？

古生代末期生物大灭绝

突如其来的灾难

古生代末期，生物物种在经历了多样化发展后，突然遭遇了重创，尚不明确的原因造成了地球上近50%的科、80%的属、95%的种级分类单元在一千万年的时间内灭绝，这就是生物历史上规模最大的一次灭绝事件，称古生代末期生物大灭绝或晚二叠纪生物大灭绝。

大灭绝

在漫长的生命进化历程中，灭绝是生命演化的正常现象。任何一个物种都会灭绝，这是自然选择的结果。一个物种的最后一个个体死亡后，这个物种就灭绝了。而在地质历史时期中相对短暂的地质间隔范围内生物多样性的大规模丧失，被称为大灭绝。古生代末期的生物灭绝现象就是大灭绝的典型代表。

幸存者

在大灭绝事件中，海洋生物遭遇了毁灭性打击，有超过 90% 的海洋生物在这次事件中灭绝。但是，有一部分海洋生物为适应生存需要，登上了陆地，两栖动物族群进一步壮大。

揭晓答案

古生代末期的生物大灭绝，是生物进化历史上最严重的一次灭绝，绝大多数物种绝迹，地球上的生物经历了一次彻底的更新换代，并向更高级、适应能力更强的生命形态进化。

海洋的变迁

古生代末期，全球浅海区域面积大幅度缩减，这减小了海洋生物的生存空间，很多人猜测这有可能是该时期生物大天绝的原因，因为陆地植物并没有出现大规模天绝情况就完成了从古生代类型向中生代类型的过渡，这说明陆地环境并没有发生剧变，而海洋环境的骤变才是物种天绝的真正原因。

爬行动物兴起

在古生代末期生物物种大灭绝数百万年后，地球又恢复了生机，这一时期以爬行动物的空前繁盛为标志。最早的爬行动物在石炭纪就已经出现，而在整个中生代，爬行动物一直是陆地上的优势物种。

辉煌的中生代

爬行动物是第一批真正摆脱对水的依赖并且真正征服陆地的变温脊椎动物，同时，爬行动物也是统治陆地时间最长的动物，其主宰的中生代更是整个地球生物史上最引人注目的时代。在中生代，爬行动物不仅是陆地上的统治者，它们还统治着海洋和天空，地球上没有任何一类生物有过如此辉煌的历史。

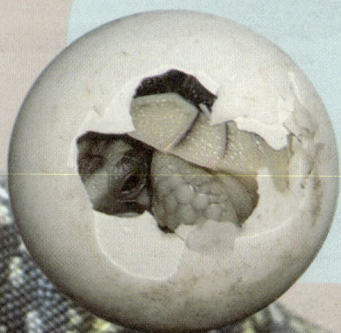

趣味问题

爬行动物的生存优势有哪些呢？

冷血动物 ▶▶▶

爬行动物体内细胞代谢产生的热量不足以维持体温，因此爬行动物也被称为"冷血动物"或"变温动物"。为了维持体温，爬行动物只能依靠环境来吸收外部热量或散发体内热量。

揭晓答案

爬行动物摆脱了水域，受湿度影响较小，在大多数气候环境中均能生存。另外，爬行动物的卵有卵壳保护，可以防止卵中的水分散失，保证卵在陆地上能够顺利孵化。

种类繁多

虽然"爬行动物时代"已经成为历史，很多爬行动物在生命演化的过程中灭绝了，但目前爬行动物依旧是地球上非常繁盛的一大类群，其种类数量约八千种，仅次于鸟类。

身体特点

与两栖动物不同，爬行动物进化出了更厚的皮肤，最大限度地降低了体内水分的丧失，从而完全脱离了水域，另外，爬行动物的呼吸系统已经能够独立地供应全身的氧需要。

恐龙时代来临

恐龙出现

距今约两亿三千万年前的三叠纪早期，中生代多样化优势陆栖脊椎动物——恐龙出现了。最早出现的恐龙是肉食性恐龙，植食性恐龙随后出现，在经历了侏罗纪时期的发展后，恐龙家族在白垩纪迎来了全盛时代。

姿 态

恐龙与其他爬行动物有一个明显的区别，那就是恐龙在站立和行走的时候四肢位于躯体的正下方。这样的身体结构更适合行走和奔跑。

趣味问题

恐龙为什么能成为中生代的陆地霸主？

揭晓答案

　　大灭绝过后，地球生态系统变得简单而单一，恐龙作为当时的爬行动物中适应能力最强的物种，迅速崛起，遍布在地球绝大多数地域和气候环境中。

"恐龙时代"

　　整个中生代因为恐龙家族的空前繁盛被称为"恐龙时代"。从诞生到灭绝，恐龙主宰地球陆地生态系统的一亿六千万年，"恐龙时代"堪称地球生物历史中最引人注目的时代。

你知道吗

最早出现的恐龙大小和现今的兔子差不多，它们行动迅速，能够快速追捕猎物，这些敏捷的猎手很快统治了三叠纪世界，随后，植食性恐龙出现，大小与现今的卡车相当。此后，恐龙的体形越来越大，当然，也有很多小型恐龙生存在那个时代。

总体特点

恐龙的大小、体形各不相同，但不同恐龙之间有很多共同特征。恐龙是卵生动物，是唯一四肢直立位于身体下方的爬行动物，能够用后肢直立行走或四肢着地行走。

恐龙的名字

恐龙化石的发现

　　人类很早就发现了恐龙的化石，但直到古生物学家曼特尔发现了禽龙化石并将这一物种的假想特征与鬣蜥进行对比后，才发现这是一种类似于蜥蜴的已经灭绝的爬行动物。

趣味问题

　　所有的恐龙都是很恐怖的怪兽吗？

分布广泛

当人类认识到恐龙是一类已经灭绝的远古爬行动物，并为这一类生物命名的时候，世界上发现的恐龙化石并不是很多。直到 1989 年，南极洲也出土了恐龙化石，现今世界的七大洲都有恐龙的遗迹被发现。

"恐怖的蜥蜴"

1842 年，英国古生物学家查理德·欧文创造了"dinosaur"这一名词，这一词汇来自希腊文 deinos（恐怖的）和 saurosc（蜥蜴或爬行动物）。后来，这就成为了恐龙的名字。

揭晓答案

恐龙并不都是恐怖的"大家伙"，恐龙中也有小巧玲珑的个体，即便是大型恐龙，也不都是凶猛的，很多大型恐龙以植物为食，性情温顺。

趣味
问题

为不同种类的恐龙命名
有什么特殊的意义吗?

恐龙的命名

命名方式

目前发现的恐龙中，有根据发现地命名的，如山东龙；有根据生活习性命名的，如慈母龙；有根据外形特点命名的，如鹦鹉龙；有根据身体构造命名的，如腔骨龙……

探寻恐龙的足迹

目前，全世界已经发现并记录的恐龙有八百多种，几乎每两个星期就会有一种新恐龙被命名并记录在册，但是，人类现在发现的恐龙仍然只是中生代存在过的恐龙中的一小部分。

揭晓答案

为新发现的恐龙命名是描述恐龙的过程中非常重要的环节，这不仅可以区分不同种类的恐龙，还对系统地研究和认识恐龙家族有重要的意义。

多种多样

目前，世界上已经被详细描述的恐龙多达数百种，而恐龙命名的方式多种多样，最终的名字也风格多样。还有很多曾经生活在地球上的恐龙没有被人类发现，等待人类命名的恐龙还有很多很多。

重复命名

在恐龙命名的过程中，有时会产生重复现象，例如，两人在不同地区发现了同一种恐龙，一个人可能会根据恐龙的牙齿为其命名，而另一人可能根据骨骼为这种恐龙命名，一旦这样的重复命名情况被发现，古生物学界只会承认这种恐龙最先得到的那个名字。

陆地霸主

庞大的家族

曾经生活在地球上的恐龙很有可能超过一千个属，一属下又可能有多个种类的恐龙，这些恐龙分布在全球各地，在当时爬行动物的四十多个类别中，恐龙只占其中的两类，但是恐龙却是陆地上的优势群体。

代表性动物群体

恐龙并不是中生代物种中的大多数，还有比恐龙种类多得多的其他爬行动物、海洋生物等生存在中生代的地球上，但恐龙是中生代的标志性动物群体。

趣味
问题

恐龙个体有大有小，形态
各异，这是为什么呢？

生物繁盛的中生代

从恐龙家族的发展和繁盛程度中，不难看出中生代的生物繁盛程度，因此，深入研究恐龙，对于人类认识地球的过去有十分重要的意义。

揭晓答案

虽然恐龙有着共同的祖先，但是在漫长的进化过程中，不同地区、不同习性的恐龙进化出了完全不同的性状，而自然环境的影响让这样的差异变得更加明显。

恐龙的年龄

　　美国的一些研究学者通过对骨骼化石的研究，发现了一只死亡时已经120岁的恐龙，但并没有证据显示这只恐龙是慢慢老死的，这只恐龙很有可能是在"年事已高"的时候，因为行动能力下降，被猎杀死亡的，所以，恐龙的最高寿命有可能会超过120岁。

趣味问题

鸟类依靠长有羽毛的翅膀飞行，那么翼龙是靠什么飞上蓝天的呢？

飞行能力

美国的科学家通过计算机分层影像扫描技术，建立了翼龙大脑的三维影像，影像显示，翼龙的小脑叶片相当发达，其重量约占脑重量的 7.5%，是所有脊椎动物中最高的。这说明翼龙很有可能有很好的平衡能力，它们的飞行能力也可能很强。

空中之王

最早的飞行脊椎动物

中生代时期，非恐龙类爬行动物占据了天空，这类动物被统称为翼龙。翼龙是最早出现的可以飞行的脊椎动物，分布在中生代世界各地的天空中。

揭晓答案

翼龙的"翅膀"是由皮肤、肌肉和其他软组织组成的翼膜，翼膜在前肢第四指、身体两侧和后肢之间被撑开，翼龙利用这一特殊的"翅膀"飞行。

特化的爬行动物 >>>>

为了适应飞行需要，翼龙进化出了非常独特的骨骼结构，而且，翼龙新陈代谢水平很高、神经系统相对发达、体内循环和呼吸系统效率较高，这些特征让翼龙成为了一类最不像爬行动物的爬行动物。

分类

翼龙主要分为两大类，一类是喙嘴龙类，主要生活在三叠纪时期和侏罗纪时期；另一类是翼手龙类，主要生活在白垩纪时期。多数翼龙很有可能是以鱼类为食的。

走向灭绝

　　白垩纪末期，蛇颈龙和大部分鱼龙失去了海洋的霸主地位，并与恐龙一样走向了灭绝，而更大、更凶猛的沧龙则成为了海洋中的顶级猎食者。

海洋领主

海洋猎食者

　　海洋爬行动物是中生代海洋中的顶级猎食者，种类和数量都比较多的是鱼龙，它们靠摆动尾巴获得前进的动力，捕食海中的小鱼，这与现今的海豚很像。长着长脖子的蛇颈龙不但猎食鱼类，而且还会利用长脖子在海底觅食软体动物。

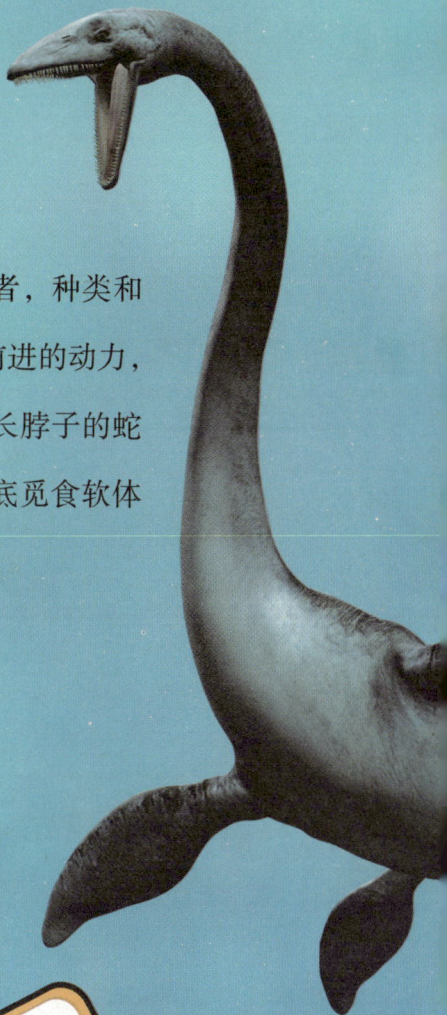

趣味问题

　　如今，海洋爬行动物还像过去一样统治着海洋吗？

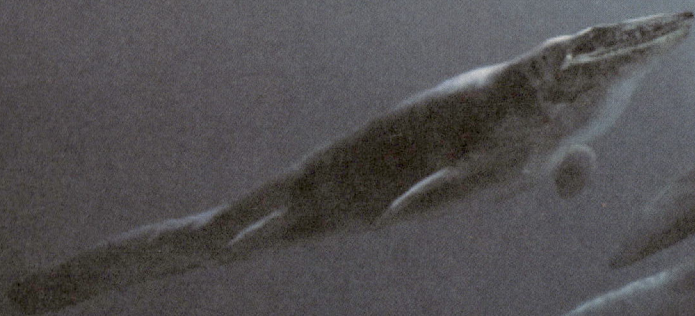

揭晓答案

　　当爬行动物在中生代末期大量灭绝的时候，海洋爬行动物失去了海洋统治者的地位，如今，海洋中的统治地位已经被海洋哺乳动物和鲨鱼占据了。

呼吸系统

　　与陆地上的爬行动物相比，海洋爬行动物的呼吸系统更发达、肺部容积更大，这样，海洋爬行动物才能在呼吸空气之后在水中待更长的时间，这对它们在海洋中生存是至关重要的。

生活习性

　　海洋爬行动物并不像鱼类一样终生生活在水中，海洋爬行动物需要经常浮出海面呼吸空气，而有些海洋爬行动物还会回到陆地上产卵。

肉食性恐龙

大型肉食性恐龙

大型肉食性恐龙的体长超过 10 米，它们可以凭借高超的捕食本领单独猎杀多数恐龙，因此大型肉食性恐龙大多单独活动，并可能会有食物及领地意识。

趣味问题

肉食性恐龙之间会爆发争斗吗？

食腐恐龙

　　有一类肉食性恐龙，它们既没有速
度优势，也没有力量优势，它们无法捕
食，只有靠吃其他恐龙的"残羹剩饭"
或动物尸体维生，这就是食腐恐龙，严
格说来，它们只能算是肉食性恐龙，而
根本不是猎食者。

生活习性

　　一些肉食性恐龙有固定的领地，它们在领地内捕食并驱逐其他肉食性恐龙，但也有一些肉食性恐龙，它们没有固定的活动地点，而是跟着不断迁徙的植食性恐龙，在一路追踪的过程中趁机捕猎。

猎食者本性

　　肉食性恐龙大多比较残暴，任何一种它们对付得了的植食性恐龙都有可能成为它们的食物，而在食物资源匮乏的时候，有些肉食性恐龙也会吃腐肉。

小型肉食性恐龙

　　最小的肉食性恐龙体长不足半米，有的小型恐龙成群活动以增强捕食大型植食性恐龙的能力，有的单独活动，捕食蜥蜴等小型动物。

揭晓答案

　　肉食性恐龙之间有时候会爆发非常激烈的争斗，这可能是同种类的恐龙之间在争夺配偶或食物资源，也可能是不同种类的恐龙之间在相互驱逐。

尖牙和利爪

力量的象征

发达的牙齿和锋利的指爪几乎已经成了肉食性恐龙力量的象征，但多数小型肉食性恐龙还有另外一个特征，那就是行动敏捷，这是它们捕食的一大"看家本领"。

生存"武器"

对于肉食性恐龙来说，尖牙和利爪就是它们生存的"武器"，尖牙能够让它们轻易咬断猎物的脖子并撕碎猎物的皮肉，而利爪可以帮助它们辅助进食，有时候也会成为它们进攻的"利刃"。

趣味问题

不同种类的肉食性恐龙的牙齿有什么不同的特点呢？

捕食的秘密

肉食性恐龙虽然最终是通过尖牙和利爪杀死猎物的，但在捕猎的过程中，肉食性恐龙有时候还要与猎物展开速度的角逐和耐心的比拼。对任何一种恐龙来说，生存都不是一件容易的事。

揭晓答案

　　有些肉食性恐龙的牙齿紧密而尖细，有些肉食性恐龙的牙齿则修长而锋利，这是不同种类的肉食性恐龙在长期捕猎过程中慢慢进化出来的牙齿特征。

你知道吗

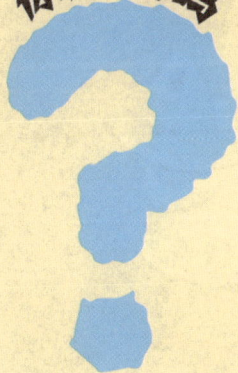

　　很多小型肉食性恐龙后肢长有锋利的单一趾爪，在行走的过程中，它们后足的特殊结构可以收起锋利的趾爪，保护趾爪不被磨钝，等到捕猎的时候再伸出趾爪攻击猎物。

植食性恐龙

食物资源

植食性恐龙会在生存地域食物短缺的时候迁徙到食物资源相对丰富的地方去，甚至有很多植食性恐龙族群会不停地迁徙，且养成了边走边吃的习性。

趣味问题

植食性恐龙在物种延续的过程中都面临哪些生存威胁呢？

积极意义

　　无法适应环境的植食性恐龙会不断被淘汰，同时，肉食性恐龙会伺机猎杀那些年老或生病的植食性恐龙，肉食性恐龙的"骚扰"不但让植食性恐龙时刻保持警惕和活力，而且还在一定程度上清除了植食性恐龙中的"落后分子"，促进优秀种群的延续。

进食特点 ▷

植食性恐龙主要以植物为食，不同种类的植食性恐龙有不同的进食特点。有的植食性恐龙牙齿强壮有力，可以轻易咀嚼蕨类植物；有的植食性恐龙长得十分高大，可以轻松吃到树冠的嫩叶；还有的植食性恐龙会吞下卵石帮助消化。

环境的影响

对于植食性恐龙来说，植物资源的丰富程度在一定意义上决定了植食性恐龙家族的繁盛程度，所以，当地球上气候适宜、植物大量生长的时候，植食性恐龙家族的足迹也开始遍布世界各地。

食 量

一些大型植食性恐龙为了维持身体能量的需要，需要吃掉大量的植物，但是它们的进食效率又不是很高，所以它们就需要不停地进食，有些植食性恐龙甚至除了休息，绝大部分时间都在吃东西。

揭晓答案

对于植食性恐龙来说，生存异常艰难，食物短缺、疾病、凶残的猎食者等因素都有可能威胁种群的生存和繁衍。

抵御猎食者

群居生活

猎食者的进攻对于植食性恐龙的生存来说是巨大的威胁，大多数植食性恐龙会通过群居的方式提高抵御猎食者的能力，种群中强壮的雄性个体会对保护种群起到重要的作用。

趣味问题

一些植食性恐龙身上的装甲让肉食性恐龙无从下口，那么这些恐龙就没有弱点吗？

不容小觑

有时候，肉食性恐龙的猎食行动不但不会成功，它们还有可能会被植食性恐龙杀死，因为一些植食性恐龙长有锋利的"防御武器"或拥有惊人的力量，肉食性恐龙如果贸然进攻，很有可能付出沉重的代价。

个体防御

　　植食性恐龙个体也并不都是好惹的。为了抵御猎食者，有的植食性恐龙长有锋利的角、骨刺或甲片，让猎食者不敢轻易接近；有的植食性恐龙长有坚实的盾甲，即便是遭到攻击也有可能"全身而退"；还有的植食性恐龙长着长尾巴，可以给来犯的猎食者猛烈一击。

揭晓答案

　　装甲恐龙并非没有弱点，多数装甲恐龙的腹部是防护最弱的地方，所以，在遭受攻击的时候，多数装甲恐龙都会降低身体高度，借助地面保护腹部。

杂食性恐龙

身体特点

多数杂食性恐龙兼具肉食性恐龙和植食性恐龙的身体特点，它们能够直立行走，利用灵活的前肢辅助进食，可以说，杂食性恐龙在身体灵活性方面是非常出色的。

牙齿特点

　　杂食性恐龙的牙齿并不像肉食性恐龙的牙齿那样锋利，所以无法撕开大型猎物的皮肉。杂食性恐龙的牙齿也并不具备强大的研磨能力，所以它们会以小型动物或鲜嫩多汁的植物为食。

趣味问题

杂食性恐龙有什么样的生存优势呢？

揭晓答案

恐龙时代的食物资源是丰富的，但是竞争也是非常激烈的，杂食性恐龙的食性特点在很大程度上提高了它们的生存能力。

不挑食

杂食性恐龙能够以植物为食，同时又能以小型动物、昆虫或其他动物的卵为食。因为杂食性恐龙的种类并不多，所以这种不挑食的习性在恐龙中还是比较少见的。

消化系统

杂食性恐龙的消化系统能够适应植食和肉食两种进食习性，这说明杂食性恐龙的消化系统要比其他恐龙的消化系统复杂得多，也高级得多。

趣味问题

恐龙会在每年固定的一段时间内繁殖后代吗?

求偶方式

繁衍后代

　　对于任何一个物种来说，繁衍后代都是它们生存过程中一项非常重要的活动，恐龙也不例外，而找到强壮且健康的配偶是保证物种延续的重要前提。

求偶的重要性

　　对绝大多数恐龙而言，繁衍后代是非常重要的事，所以雄性恐龙为了求偶想尽办法，并甘当"妻管严"。从进化的角度来看，无论一只恐龙多么优秀，如果它找不到理想的配偶，那么它的优良基因就得不到延续。

恐龙求偶

从恐龙的身体特征和生活习性来看，有的恐龙会通过展示强壮的身体来吸引异性，例如雄性恐龙之间通过争斗的方式来决定配偶归属；有的恐龙则通过炫耀华丽的外表吸引异性，例如展示头冠、角等。

揭晓答案

恐龙通常会在春末夏初产卵，因为这能让恐龙蛋在一年中最温暖的季节孵化，而此时食物资源也最丰富，这可以提高小恐龙的存活率。

求偶的重要性

目前，人类还没有完全了解恐龙的求偶方式。古生物学家预测，恐龙的求偶行为可能与现今大多数动物的求偶行为一样，都是为了保证优势物种和优良性状的延续，所以，我们可以通过现今动物的求偶行为推测恐龙的求偶方式。

哺育后代

产卵方式

在繁殖期间，有些恐龙会单独筑巢，也可能会与同类共同筑巢，然后把蛋产在巢中，并按一定的方式把蛋整齐地排列在巢中。也有些恐龙根本就不筑巢，它们把蛋随意产在地上。

趣味问题

为什么雌性恐龙在产蛋前需要大量的食物供应？

养家糊口

肉食性恐龙在孵化出来不久后就能够自如行动，但它们还无法独自猎食，成年肉食性恐龙会给小恐龙带回其他种类的幼年恐龙作为食物，这样的哺育活动会一直进行到小恐龙能够独立生活为止。

保护胚胎的蛋壳 >>>>

恐龙蛋的外壳就像一个小型太空舱，将恐龙胚胎和胚胎发育所需的营养全都固定在蛋壳中，而且，蛋壳可以在一定程度上承受撞击，保护恐龙蛋不会破碎。

小恐龙 >>

很多雌性恐龙会精心地照顾刚孵化出来的小恐龙，保护小恐龙免遭猎食者攻击。但是，也有的雌性恐龙会在产蛋后一走了之，让蛋自己孵化，孵化出的小恐龙也不得不自己面对生存的难题。

揭晓答案

　　雌性恐龙需要吃饱喝足才能将大量的营养物质汇聚到蛋中，以供应恐龙胚胎的成长需要，这意味着，在产蛋前雌性植食性恐龙需要吃更多的植物，而雌性肉食性恐龙需要吃更多的肉。

趣味
问题

植食性恐龙的皮肤如果足够厚，是不是就可以抵挡住肉食性恐龙的攻击呢？

恐龙的皮肤

皮肤厚度

古生物学家通过对恐龙皮肤化石的研究和对恐龙的复原，认为恐龙的皮肤是很厚的。厚实的皮肤不仅可以帮助恐龙防止蚊虫的叮咬，而且可以在进攻或防御中保护自身的安全。

皮肤韧性

恐龙的皮肤有相当好的韧性，这使恐龙在枝繁叶茂的丛林中活动的时候不会轻易被刮伤，同时也减少了恐龙感染疾病或遭受寄生虫侵袭的危险。

羽 毛

古生物学家通过对恐龙生活习性和化石的研究发现，部分种类恐龙的皮肤上可能覆盖有羽毛。与皮肤不同，羽毛的作用很有可能是保温或是在求偶中炫耀外表用的。

揭晓答案

对于植食性恐龙来说，再厚的皮肤也不一定能够抵挡住肉食性恐龙的尖牙和利爪。但厚厚的皮肤至少不会让植食性恐龙在遭受攻击的时候很快失去抵抗能力。

皮肤化石

目前世界上发现的恐龙皮肤化石很少，而且一般都是印模化石。皮肤印模化石是恐龙皮肤印在沉积物上的印痕，当恐龙的皮肤腐烂之后，皮肤纹理的印痕被保存了下来，并在地质作用下变成了化石。

皮肤的延展性

恐龙的皮肤虽然很厚，但是具备非常好的延展性，位于脊背和身体两侧的皮肤是相对坚硬而厚重的，而腹部的皮肤则相对柔软和轻薄，可以保证恐龙四肢的活动在奔跑的过程中不受到皮肤的限制。

趣味
问题

恐龙也会像如今的很多动物一样有保护色吗?

恐龙的颜色

不同的观点

恐龙的颜色很有可能是暗淡的，这样可以在攻击和躲避敌害时增强隐蔽性。但也有很多人认为，恐龙的色彩是艳丽的，这很有可能是为了吸引异性。有些古生物学家甚至认为，像鸭嘴龙这类植食性恐龙会在交配或保护领地的时候改变身体的颜色。

研究难度

古生物学家之所以到现在还没能确定恐龙的颜色，是因为即便有一具保存极为完好的恐龙化石可供科学家研究，恐龙的皮肤也可能早在几百万年前就已经褪色了，可供人们研究的证据少之又少。

虽然目前还无法确定不同种类恐龙的具体颜色，但同一种类的恐龙中，雄性应该比雌性的颜色更丰富多彩，这样雄性恐龙才能在争夺配偶的时候显得与众不同。

揭晓答案

很多恐龙身上可能会有条状花纹或斑点，这是一种保护色，能让恐龙与周围环境融为一体，无论是在捕食还是在躲避猎食者的行动中，这都是至关重要的。

合理猜想

目前人类描述或复原出的恐龙的颜色都是由古生物学家经过细致的研究做出的合理猜想，包括从生态环境的影响、与现生近似动物的比较、分析性别差异的影响等方面研究恐龙的颜色。

恐龙时代的终结

盛极一时的恐龙王国

两亿多年前，爬行动物空前繁盛，恐龙成为了陆地的霸主，而大陆也第一次被脊椎动物统治。中生代末期，地球上的生物物种经历了一次大灭绝，恐龙的王国覆灭了。

趣味问题

恐龙这一物种是在短时间内就全部灭绝的吗?

五次大灭绝 ⟫⟫⟫

地球生态系统一共经历过五次大灭绝,分别发生在奥陶纪末期、泥盆纪末期、二叠纪末期、三叠纪末期和白垩纪末期,而恐龙的灭绝事件就发生在白垩纪末期。

揭晓答案

　　恐龙并不是在短时间内灭绝的，从物种开始减少到完全绝迹，恐龙的"生存战斗"一共持续了两百多万年，但恐龙最终还是因为没能适应自然环境而灭绝了。

大灭绝

　　在中生代末期的大灭绝事件中，地球上约 66% 的物种丧生，这其中绝大部分是生活在陆地上的动物。与二叠纪末期生物大灭绝相似，这一次的大灭绝同样使地球的生态系统发生了翻天覆地的变化，其中最显著的就是恐龙失去生态统治地位并灭绝。

你知道吗

?

　　中生代末期的大灭绝事件中，体形较大的动物受到的影响要明显大于体形较小的动物，而幸存下来的动物也都是一些体形较小的动物和生存在地下的动物，在大约1500万年后，这些动物中的一些个体才进化得和恐龙一样大。

寻找陨石坑

为了验证行星撞击假说的正确性，地质学家用了十多年的时间，终于在墨西哥尤卡坦半岛的地层中找到了行星撞击留下的陨石坑，这个陨石坑的直径将近三百千米，目前，地质学家还在做进一步的研究。

小行星撞地球

灭绝原因

究竟是什么原因让地球上的中生代霸主在白垩纪末期全部灭绝？目前，关于恐龙的灭绝存在四十多种理论，但被大多数人承认的是小行星碰撞学说。

趣味问题

科学家根据什么推断出在中生代末期曾经有小行星撞击过地球呢？

推测

科学家推测，6 500 万年前，一颗直径超过 10 千米的小行星撞向地球，并引起强烈的地震，大海啸随即席卷全球，而生物史上最引人注目的恐龙时代也在这场灾难中终结了。

连锁反应

很多科学家认为，小行星撞击地球引起的连锁反应才是这之后一段时间内导致物种灭绝的真正原因，如海水汽化、降雨增多、气温升高、地球板块运动加剧等，这些因素的共同作用将恐龙推向了灭亡。

揭晓答案

美国的科学家在约 6 500 万年前的地层中发现了超过地球正常含量几百倍的铱，而只有"天外来客"中才含有如此高浓度的铱元素，进而推断出当时曾有小行星撞击了地

趣味问题

能够导致恐龙灭绝的火山喷发具有怎样的规模呢？

火山喷发

火山喷发的影响

有科学家认为，火山喷发是恐龙灭绝的根本原因。火山喷发时，大量的火山灰被抛向空中，遮天蔽日，几年内都没有散尽，地球表面在很长一段时间内暗无天日。恐龙最终在食物减少、气温降低的环境中灭绝了。

挥发性物质

　　在火山喷发过程中，挥发性物质充当了重要的角色，它不仅是火山喷发的产物，更是火山喷发的动力。在岩浆从地下涌出火山口的过程中，挥发性物质发挥了重要的作用，而在岩浆来到地表后，挥发性物质迅速释放出来，将火山灰带上高空，同时将有毒气体散播出来。

揭晓答案

　　能够导致全球生物大灭绝的火山喷发是要具备相当大的规模的，如果火山喷发真的是恐龙灭绝的元凶，那么恐龙灭绝可能是陆地火山和海底火山同时大规模喷发的结果。

臭氧层被破坏

　　火山喷发的影响是多方面的，火山喷发出的大量有毒气体破坏了臭氧层，地球处于紫外线照射和有害气体笼罩的环境中，进一步加速了恐龙的灭绝。

特殊的火山喷发 ▶▶▶▶

　　火山喷发并不都是十分剧烈的，有很多火山喷发的时候，岩浆流动缓慢，只是从火山口慢慢地流向低处，而剧烈的火山喷发则有可能像蒸汽爆炸一样，迅速将岩浆喷向空中。

气候骤变

趣味问题

在恐龙灭绝之前，地球上不同地区的气候已经存在明显的差异，这是为什么呢？

两种观点

在气候骤变理论中有两种不同的观点：一种观点是气候变热导致散热缓慢的恐龙无法适应而导致灭绝；另一种观点是气候变冷使陆地变得干旱，恐龙因食物资源减少而灭绝。目前，科学家还无法确定当时的气候是变热了还是变冷了。

间接证据

古生物学家在研究了白垩纪末期的恐龙蛋后发现，这一时期恐龙蛋的气孔要比其他时期恐龙蛋的气孔少，这很有可能与气候变得寒冷干燥有密切联系。

繁殖受到影响

现今鳄鱼的雌雄状况是由卵在孵化期的温度决定的。按照这样的事实推测，白垩纪末期，地球上的气温可能发生过巨大的变化，导致恐龙在繁殖过程中某一性别的比例陡然增加，恐龙因性别比例严重失调而使繁殖停滞，最终导致恐龙灭绝。

影响

　　气候的变化虽然是缓慢的，但对恐龙生存方式的影响却是巨大的，同时植物类型也出现了明显的变化，这有可能是对恐龙生存的致命打击。

揭晓答案

　　白垩纪末期，板块的运动最终改变了全球海洋分布情况和洋流情况，而在不同规模海洋包围的陆地上，气候出现了非常明显的变化，不同地区的气候也存在明显的差异。

食物中毒

被子植物繁茂

白垩纪末期，被子植物逐渐增多并逐步成为地球上分布最广泛、种类最多的植物物种。裸子植物则由盛而衰，虽然没有灭绝，但覆盖范围大幅减小，这意味着恐龙的食物资源减少了。

趣味问题

用食物中毒的假说来解释恐龙的灭亡，有什么合理性吗？

罪魁祸首

食物中毒理论认为，被子植物并不适于恐龙食用，而食量巨大的恐龙在没有充足食物来源的情况下，开始进食被子植物，导致体内毒素积累，最终毒发死亡，而肉食性恐龙猎食了中毒的植食性恐龙后，也无法避免死亡的命运。

被子植物

被子植物也叫显花植物，这类植物会通过开花授粉的方式孕育种子，这也是被子植物区别于裸子植物及其他植物的显著特征。

揭晓答案

与全球性的大灾难瞬间吞噬生命的现象相比，食物中毒的假说可以充分解释恐龙的灭绝时间为什么持续了两百万年，所以这种假说具备一定的合理性。

推测

　　在恐龙灭绝的食物中毒假说中，被子植物在白垩纪晚期就已经遍布全球，这才造成了大范围的恐龙种群缓慢死亡。曾经有人推测，在地球的某个角落，被子植物不曾生长，那里的恐龙躲过了灭绝的厄运，在漫长的进化过程中演化成了其他物种。

有待研究

　　古生物学家和植物学家曾通力合作，试图找到被子植物中的哪种物质导致了恐龙中毒，但这项研究目前还没有取得显著进展。

物种争斗

力量对比失衡

　　在物种比例失衡的某一地区，植食性恐龙可能因为太过弱小而不足以制衡肉食性恐龙，肉食性恐龙在猎杀了所有植食性恐龙后开始自相残杀，最终两败俱伤，走向灭绝。

趣味
问题

为什么会出现物种对比
失衡的情况呢？

推 测

　　物种争斗的假说并不仅仅局限于恐龙之间的争斗，
白垩纪时期，生物物种的种类逐渐增多，一些小型杂
食性动物虽然无力与恐龙直接对抗，但它们很有可能
偷食恐龙蛋，当这种小型杂食性动物越来越多的时候，
恐龙的繁殖就出现了严重的问题，并最终走向灭绝。

另一种情况

在某一地区，也可能是肉食性恐龙没有足够强大的能力猎杀植食性恐龙，最终导致植食性恐龙快速繁殖，结果植物很快被吃光，所有恐龙还是逃脱不了死亡的厄运。

生态平衡 》》》》

在正常的自然生态环境中，物种的争斗是十分正常的现象，但是在白垩纪末期，物种之间的争斗很有可能在自然力量的作用下变成了打破生态平衡的关键要素，致使生态失衡，最终导致恐龙灭绝。

揭晓答案

白垩纪末期，当地球板块彼此完全分离的时候，某一块大陆上的恐龙种类就固定了，这样，同一地区生存的物种之间就可能出现对比失衡的情况。

动态变化

　　恐龙灭绝的事件证明，生态平衡并不是一成不变的，在生物的演化过程中，生态平衡不断被打破又不断重新建立，这才使新的物种有了产生和发展的可能。

综合原因

奇怪现象

在白垩纪末期的灭绝事件中，很多弱小的动物存活了下来，如果是单一因素引起的灾难，那么既然已经有生物能够躲过灾难，庞大的恐龙族群中的某些物种应该也能够躲过灾难，但事实并非如此。

合理推论

在恐龙灭绝的真正原因尚未明确的情况下，综合原因的假说可以从多个角度回答人们关于恐龙灭绝的很多疑团，这一假说似乎更全面，但也有失针对性。

趣味问题

恐龙在两百多万年的时间内才彻底灭绝，这说明了什么呢？

复杂因素

很多人认为，推动恐龙灭绝这一复杂进程的，应该是多方面因素共同作用的结果，可能是频繁或同时出现的诸如火山喷发、陨石坠落等突发性灾难和气候变化、食物资源减少等缓慢灾难，将恐龙族群推向了灭绝的境地。

揭晓答案

白垩纪末期的灭绝事件爆发两百万年后，恐龙才完全从生物演化的舞台上消失，这说明恐龙灭绝的根本原因是缓慢的且一直在起作用的一种或多种因素。

你知道吗

我们目前还无法确切地知道恐龙灭绝之前地球上发生了什么，也无法确定恐龙灭绝的根本原因究竟是什么，但有一点是可以肯定的，那就是在地球环境出现重大变化的时候，恐龙没能适应环境，最终被物竞天择的自然法则淘汰了。

争论仍在继续

探索之路

　　恐龙王国的辉煌已经不再，在大灭绝事件中幸存下来的动物适应了新的生存环境。如今人们在不断探索的过程中，相继发现新的恐龙物种，从而更深入地了解了恐龙家族，当然也对恐龙生存的时代有了更充分的认识。

趣味问题

研究恐龙灭绝的真正原因有什么重要的意义吗？

优胜劣汰

　　新物种的出现和原有物种的消亡是一种很正常的自然现象，也是优胜劣汰自然法则无情筛选的结果。恐龙的诞生和兴起是优胜劣汰的结果，恐龙的灭绝也同样是优胜劣汰的结果。

自身原因

　　有学者认为，恐龙自身的生命机制和生存习性的衰败才是恐龙灭绝的根本原因。也就是说，即便没有大灾难，恐龙也无法逃脱灭绝的厄运。这种新的假说，从恐龙自身的进化历程推测恐龙的灭绝原因，角度十分独特。

等待谜底揭晓

在人们对恐龙的认识还没有积累到可以破解恐龙灭绝之谜前，关于恐龙灭绝原因的争论还会继续进行下去。无论恐龙灭绝的真正原因是什么，地球已经保留下了那个年代的记忆，而谜底也正等着人们去揭晓。

揭晓答案

破解恐龙灭绝原因之谜，对于人类深入了解恐龙族群、认识中生代地球的环境，进而探索地球的过去、洞悉高级生命的进化历程都有着重要的意义。

灭绝假说

　　恐龙的灭绝原因之谜一直是古生物学家们长期研究和争论的焦点问题，目前，全世界共有超过一百三十种灭绝假说被公布出来，有的假说有一定的合理性，有的假说太过片面，更有的假说让人啼笑皆非。

生态空白

恐龙灭绝后

　　恐龙的灭绝不仅仅代表一个物种的消亡，还导致了地球生态系统的彻底颠覆，原来生态系统中的主要群体灭绝了，生态系统出现了空白。

早期鸟类

　　早期鸟类在侏罗纪时期就已经出现，但当时陆地上有凶猛的恐龙，天空中还有行动敏捷的翼龙，所以早期鸟类并不具备生存优势。到了新生代，鸟类的飞行本领成为它们最大的生存优势，鸟类的种类也逐渐丰富起来。

趣味问题

你知道最早的鸟类是什么吗？

111

填补生态空白

在恐龙灭绝后相当长的一段时间内，率先发展起来的是鸟类。鸟类家族在新生代时期演化出了众多新物种，大多数鸟类占据了天空，还有少部分鸟类放弃了飞行，演化成了地面上的大型肉食性鸟类。鸟类家族就这样填补了恐龙灭绝后的生态空白。

揭晓答案

最早的飞行鸟类是中生代的始祖鸟，始祖鸟在体表羽毛、翅膀和叉骨结构等方面都与现代鸟类有很多相似性。

鸟类的进化之谜

一直以来，很多人都认为鸟类是由恐龙演变而来的，而且，尾羽龙、小盗龙等恐龙在羽毛、骨骼等方面与鸟类的相似性更加证实了恐龙和鸟类之间可能存在亲缘关系。但要说鸟类是恐龙的直系后代，还缺乏习性关联和进化证明等依据。

生命形态逐渐丰富 》》》

鸟类从恐龙灭绝至今一直都是地球上种类最多的生物物种，在鸟类不断进化的同时，哺乳动物也以惊人的速度进化出了更高级的生命形态，并逐渐成为陆地上新的统治者，地球再一次变得生机勃勃。

恐龙化石分类

恐龙化石大致可以分为骨骼化石和生存痕迹化石两种，这些化石主要埋藏在中生代时期形成的沉积岩中。

趣味问题

研究恐龙的生存痕迹化石有什么作用呢？

恐龙化石

恐龙化石的形成

　　恐龙曾经是陆地上非常普遍的生物，保存完好的恐龙尸体被泥沙掩埋后，尸体中的有机质会在随后的岁月中被分解殆尽，而骨骼、牙齿等坚硬的部分在高压与缺氧的地层中经过几千万年甚至上亿年时间的沉积和石化作用后，会与周围的沉积物一起变成石头，这就是恐龙化石。

揭晓答案

通过对恐龙生存痕迹化石的研究，我们能推断出恐龙的类型、数量、大小，以及生活习性等方面的特点。这对于深入了解恐龙族群有十分重要的意义。

奇特的恐龙化石

不仅仅只有恐龙的骨骼能够在长期的地质作用下变成化石，恐龙蛋、脚印和粪便等生存遗迹也可能会在沉积作用中形成化石。

数量稀少

　　绝大多数死去
的恐龙并不会马上
被泥沙掩埋，它们
很有可能成为一些
食腐动物的食物。
所以，即使曾经在
地球上生存的恐龙数
量非常多，能够形成并
留存至今的恐龙化石也
并不多。

发掘恐龙化石

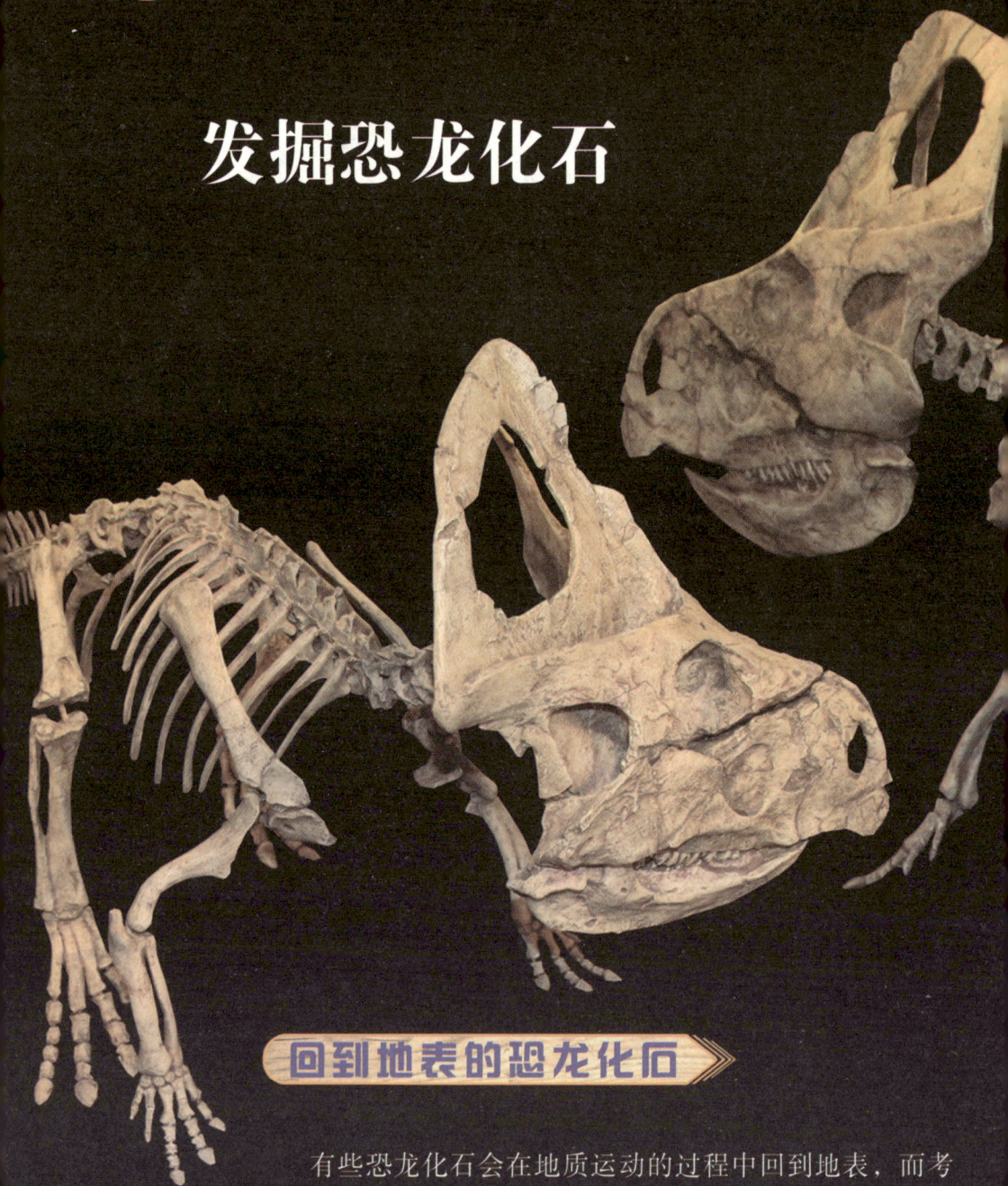

回到地表的恐龙化石

　　有些恐龙化石会在地质运动的过程中回到地表，而考古学家、地质学家和古生物学家会联合将恐龙化石发掘出来，以便更深入地研究恐龙的形态特征和生活习性。

趣味问题

为什么说发掘恐龙化石是一项长期而细致的工作?

重回地表

恐龙化石重回地表的过程并不是"一帆风顺"的,有些恐龙化石会因为地层的断裂或扭曲而被损坏;有些恐龙化石会被巨大的岩石压扁;还有些恐龙化石可能在没有回到地表之前就被岩浆融化了。化石在回到地表后,如果没有被及时发现并保护,也会风化碎裂。

119

发掘工作

在发掘恐龙化石的过程中，工作人员会小心地将每一块化石开凿出来，并对不同部位的化石进行分类整理或编号。恐龙化石被发掘出来后，还要装到石膏制成的护封中，运往博物馆或研究机构。

研究恐龙化石

　　恐龙时代距离我们太过遥远，我们如今只能通过恐龙化石来了解这种神秘的生物。所以说，发掘和研究恐龙化石是十分重要的，因为这不仅仅是研究恐龙的直接证据，还可以帮助我们了解地球亿万年的风云变化。

揭晓答案

　　恐龙化石被埋藏在泥土或岩石中，需要考古人员花费大量的时间细致地将每一块骨骼化石发掘出来，必要时还要对化石进行机械修理和化学处理。

复原恐龙

复原恐龙的重要性

　　科学家们通过各种手段寻找恐龙化石的蛛丝马迹，并通过发掘恐龙化石和借助现代高科技手段来复原恐龙。通过他们的工作，我们渐渐了解了恐龙的外形及生活习性，而来自世界各地关于恐龙的新发现以及新看法，一再修正我们原先认定的恐龙形象，并使之更接近事实的真相。

还原恐龙形态

保存完好的恐龙化石会直观地展现恐龙的形态和基本身体结构，所以发掘恐龙化石的工作人员会在每一块化石上贴上标签并拍照，以便日后按照它们原来的位置重新构筑起来，并还原恐龙的基本形态。

趣味问题

复原恐龙的科学家是如何重塑恐龙的呢？

栩栩如生的仿真恐龙

我们在恐龙主题公园或以恐龙为题材的电影中经常会看到栩栩如生的恐龙，这些恐龙是古生物学家根据对化石的研究复原出来的。古生物学家还通过合理想象还原出了恐龙的身体特点和生活习性。

揭晓答案

科学家通过对化石的研究推断出每块化石之间是如何连接的，并根据细节线索推断出恐龙生前的某些身体特征，然后组装出立体的恐龙骨骼化石，绘制恐龙复原图。

协同工作

　　古生物学家会与绘图师一起工作，在绘制恐龙复原图的过程中尽量保证恐龙外观和姿态的正确，而且植物学家也可以帮助绘图师绘制出恐龙生存时代的自然环境。

附：恐龙时代的爬行类动物

图书在版编目（ＣＩＰ）数据

自然法则：恐龙帝国的盛世兴衰／崔钟雷编著. ——
北京：知识出版社，2014.9
（恐龙大追踪）
ISBN 978-7-5015-8206-8

Ⅰ . ①自… Ⅱ . ①崔… Ⅲ . ①恐龙 – 普及读物 Ⅳ .
①Q915.864-49

中国版本图书馆 CIP 数据核字(2014)第 214155 号

恐龙大追踪——自然法则：恐龙帝国的盛世兴衰

出 版 人	姜钦云	
责任编辑	李易飏	
装帧设计	稻草人工作室	
出版发行	知识出版社	
地　　址	北京市西城区阜成门北大街 17 号	
邮　　编	100037	
电　　话	010-88390659	
印　　刷	北京一鑫印务有限责任公司	
开　　本	889mm × 1194mm　1/16	
印　　张	8	
字　　数	80 千字	
版　　次	2014 年 9 月第 1 版	
印　　次	2020 年 2 月第 3 次印刷	
书　　号	ISBN 978-7-5015-8206-8	
定　　价	28.00 元	